Alfredo Jakob

Neue Strategien für neue Konzerne - Europäische Bahnunternehmen in der Privatisierung

GRIN Verlag

Bibliografische Information der Deutschen Nationalbibliothek:

Die Deutsche Bibliothek verzeichnet diese Publikation in der Deutschen National-
bibliografie; detaillierte bibliografische Daten sind im Internet über http://dnb.d-
nb.de/ abrufbar.

Impressum:

Copyright © 2011 GRIN Verlag GmbH
Druck und Bindung: Books on Demand GmbH, Norderstedt Germany
ISBN: 978-3-656-04355-3

Dieses Buch bei GRIN:

http://www.grin.com/de/e-book/181255/neue-strategien-fuer-neue-konzerne-
europaeische-bahnunternehmen-in-der

GRIN - Your knowledge has value

Der GRIN Verlag publiziert seit 1998 wissenschaftliche Arbeiten von Studenten, Hochschullehrern und anderen Akademikern als eBook und gedrucktes Buch. Die Verlagswebsite www.grin.com ist die ideale Plattform zur Veröffentlichung von Hausarbeiten, Abschlussarbeiten, wissenschaftlichen Aufsätzen, Dissertationen und Fachbüchern.

Besuchen Sie uns im Internet:

http://www.grin.com/

http://www.facebook.com/grincom

http://www.twitter.com/grin_com

Rheinische Friedrich-Wilhelms-Universität Bonn
Geographisches Institut
Oberseminar B: Logistik und Mobilität –
Raumentwicklung im globalen Kontext
Sommersemester 2011

Neue Strategien für neue Konzerne – Europäische

Bahnunternehmen in der Privatisierung

Alfredo Jakob
24.05.2011

Inhaltsverzeichnis

1. Einleitung

„Die Eisenbahn ist das wichtigste öffentliche Verkehrsmittel in Deutschland und ein zentraler Bestandteil der öffentlichen Daseinsvorsorge [...]. Sie hat eine soziale Funktion bei der Ermöglichung individueller Mobilität und gesellschaftlicher Teilhabe, eine volkswirtschaftliche als Massentransportmittel von Personen und Gütern und eine ökologische als Ressourcen sparender und emissionsarmer Verkehrsträger." (STIELIKE 2009, S. 405)

Die hier zitierte Ansicht dürfte auch heute noch von vielen Menschen in Deutschland und Europa geteilt werden. Manche aktuellen Entwicklungen, wie sie speziell in Deutschland in jüngster Zeit geschehen sind, gehen jedoch in eine andere Richtung: In der öffentlichen Meinung werden stetig steigende Fahrkartenpreise und auffällig viele Probleme in der Zuverlässigkeit oft den Bahnreformen ab 1994 und der seither verstärkten marktwirtschaftlichen Orientierung des deutschen Eisenbahnsystems zugeschrieben (z.B. Bauchmüller, Kuhr 2011). In der vorliegenden Arbeit soll zuerst beleuchtet werden, was die Gründe für die Bahnreformen waren und wie diese vonstatten gingen. Anschließend wird die europäische Verkehrspolitik in Augenschein genommen; danach sind noch einige veränderte Voraussetzungen für die modernen Eisenbahnunternehmen zu beleuchten, bevor es schließlich darum gehen wird die Strategien der heutigen Bahnunternehmen unter die Lupe zu nehmen. Die ganze Arbeit wird begleitet von der Suche nach Antworten für den starken Marktanteilsverlust der Eisenbahn in Europa (siehe Abb.1).

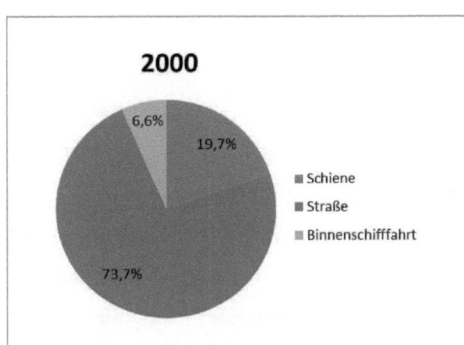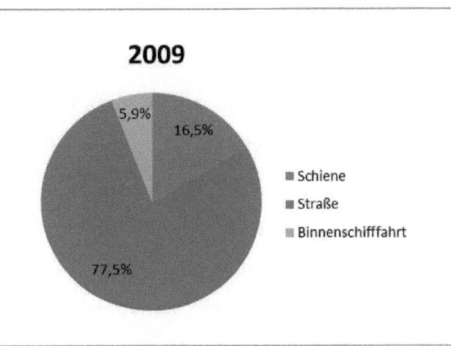

Abb. 1: Modal Split der drei wichtigsten Verkehrssparten im zeitlichen Vergleich für die EU 27 (Eigene Darstellung, Quelle: EUROSTAT 2011)

2. Der Weg von der Deutschen Bundesbahn zur Deutschen Bahn AG

Der politische Prozess, der in den 1990er Jahren zur ersten Bahnreform führte, zog sich über viele Jahre hin (STIELIKE 2009). Im Folgenden werden Entwicklungen innerhalb und außerhalb der Deutschen Bundesbahn, der Weg in die Aktiengesellschaft und die heutige Situation behandelt.

2.1 Ausgangssituation

Zum Zeitpunkt der ersten Bahnstrukturreform (1994) befand sich die Deutsche Bundesbahn bereits seit mehreren Jahrzehnten in einem defizitären Zustand. Bereits seit den 1970er Jahren konnten die Einnahmen nicht einmal mehr die Personalkosten decken, daneben sanken die Marktanteile im intermodalen Vergleich immer weiter (ABERLE 2009, SCHNITKER 2009).

2.1.1 Strukturelle Probleme der Bundesbahn

Als Ursachen gelten beispielsweise wenig effektive Entscheidungsstrukturen - die Kompetenzen waren zwischen dem Bundesverkehrsministerium, dem Bundesfinanzministerium und dem Bundesinnenministerium aufgeteilt. Auch die Verlangsamung jeglicher Entscheidungen durch den recht großen Einfluss der einzelnen Bundesländer, die mehr an einer Erhaltung der unrentablen, aber für die Länder wenig kostenintensiven Strukturen (da viele Kosten vom Bund getragen wurden) als an einer Reform, welche die finanzielle Beteiligung der Bundesländer erhöhen würde, interessiert waren, gehört zu den Gründen (ABERLE 2009, NUHN, HESSE 2006). Als übergeordneten Grund für die Probleme der Bundesbahn wird „ihre strukturell verankerte duale Zielsetzung angesehen", welche diese „in einen Zwiespalt zwischen Eigen- und Gemeinwirtschaftlichkeit" (beides LEGEL 2008, S.91) brachte. Damit gemeint ist der gesetzlich verankerte Auftrag, sowohl dem öffentlichen Wohl zu dienen (Verpflichtung zur Betreibung auch unrentabler Strecken und Transportdienste) als auch nach betriebswirtschaftlichen Gesichtspunkten rentabel zu sein – dieser Gegensatz schränkte die Anpassungsfähigkeit stark ein (LEGEL 2008).

2.1.2 Veränderungen der Rahmenbedingungen

Natürlich müssen hier auch gesamtstrukturelle Veränderungen der Rahmenbedingungen erwähnt werden; hier sind vor allem die technologischen Entwicklungen des 20. Jahrhunderts zu nennen, also die stetige Weiterentwicklung im Straßen- und Luftsektor, die zum Substitutionseffekt führen, d.h. dem Austausch öffentlicher Verkehrsmittel durch beispielsweise den motorisierter Individualverkehr oder Billigairlines. Auch haben steigende Realeinkommen und ein Wertewandel hin zu mehr Selbstverwirklichung ihren Anteil daran, dass individuellere und kostenintensivere Transportmittel gewählt werden. Für den Güterverkehr spielt vor allem der Güterstruktureffekt (siehe auch Punkt 5.1), also die Veränderungen in der Produktionsstruktur eine Rolle (ABERLE 2009, GATHER et al. 2008, NUHN, HESSE 2006). Die hier angerissenen Entwicklungen sehen in Zahlen ausgedrückt folgendermaßen aus: Im intermodalen Wettbewerb verlor die Deutsche Bundesbahn stetig Marktanteile, so dass von 1950 bis 1990 der Marktanteil im Güterverkehr von 63% auf 23%, und im Personenverkehr von 36,4% auf 6,2% sank (LEGEL 2008).

2.1.3 Benachteiligung der Bundesbahn

Die Haltung der Politik gegenüber der Bundesbahn war oft von Vernachlässigung geprägt. Während in das Fernstraßensystem von 1960 bis 2008 etwa 225 Mrd. € investiert wurden, waren es beim Schienenausbau nur etwa 28 Mrd. € (LEGEL 2008). Diese ungleiche Investitionssumme begünstigte die Wettbewerbssituation des Straßenverkehrs erheblich. Auch sind im Straßenverkehr viele externe Kosten (z.B. Straßeninstandhaltung) nicht von den Verursachern, also den PKW- und LKW-Eigentümern, sondern von der Allgemeinheit getragen worden. Dies beginnt sich erst in neuerer Zeit zu ändern, beispielsweise durch die Einführung der LKW-Maut im Jahre 2005 oder die immer wiederkehrenden Diskussionen bezüglich einer PKW-Maut (ABERLE 2009, GATHER et al. 2008, LEGEL 2008).

2.1.4 Erste Maßnahmen

Um dem defizitären Betrieb und den sinkenden Marktanteilen entgegenzuwirken, setze die damalige Bundesregierung 1989 eine „Regierungskommission Bundesbahn" ein, um Vorschläge und einen Fahrplan für eine Restrukturierung und stufenweise Privatisierung zu entwickeln. Zu den im Abschlussbericht von 1991 aufgeführten Vorschlägen gehörten die Umwandlung in eine Aktiengesellschaft und anschließende Privatisierung, die Trennung von

Netz und Betrieb, ein weitreichender Personalabbau, die Reorganisation des Öffentlichen Personennahverkehrs durch Regionalisierung und die Gewährleistung des Netzzugangs für neue Anbieter (ABERLE 2009, NUHN, HESSE 2006).

2.2 Bahnstrukturreform 1994

Viele Vorschläge der Regierungskommission wurden, bestärkt durch Entwicklungen auf EU-Ebene (siehe Punkt 3), ab 1994 sukzessive umgesetzt. Nach dem Zusammenschluss der Deutschen Bundesbahn und der bei der Wiedervereinigung übernommenen Deutschen Reichsbahn wurden die einzelnen Unternehmensbereiche aufgetrennt. Während im sogenannten öffentlichen Bereich Aufgaben wie die Personalverwaltung oder die Schuldenverwaltung konzentriert wurden, teilte man im sogenannten unternehmerischen Bereich die Bereiche Fahrweg, Güter- und Personenverkehr in organisatorisch getrennte Einheiten und wandelte diese anschließend in eine Aktiengesellschaft um (ABERLE 2009, ABERLE, BRENNER 1996). 1999 ging die Aufteilung durch die Formung der Tochterunternehmen „Netz AG, [...] Regio AG (Personennahverkehr), Fernverkehr AG (Personenfernverkehr) und Railion AG (Güterverkehr) sowie Station&Service AG" (ABERLE 2009, S.146) weiter. Der Personalbestand wurde von 1993 bis 1998 um über 100.000 auf etwa 253.000 reduziert (NUHN, HESSE 2006).

2.3 Heutige Situation

Als Ergebnis der durchgeführten Bahnreformen existieren heute sogenannte „Nichtbundeseigene Eisenbahnen" welche im Personenverkehr zumeist regionale Teilnetze, im Güterverkehr vor allem Strecken bis 100 km bewirtschaften. Deren Leistungsanteil betrug im Personenverkehr im Jahre 2007 9,5 % und im Güterverkehr 19,7 % (ABERLE 2009).

Die regionale Konzentration der Nichtbundeseigenen Eisenbahnen beim Personenverkehr beruht auf der Umstrukturierung der Zuständigkeiten im Schienenpersonennahverkehr. Damit plant, organisiert und finanziert nicht mehr eine Bundesbehörde den Nahverkehr, sondern die einzelnen Bundesländer bzw. neugegründete Verkehrsverbünde auf regionaler Ebene. Diese schreiben die benötigten Leistungen aus, so dass neue Anbieter die Chance haben, die Deutsche Bahn AG zu unterbieten und dies im Regionalverkehr auch sehr erfolgreich tun. Der neue Wettbewerb hat zu Einsparungen, steigenden Fahrgastzahlen und einer Steigerung des intermodalen Marktanteils im Regionalverkehr geführt (STIELIKE 2009).

Im Personenfernverkehr (siehe Tabelle 1) sind durch die Bahnreformen relativ marktwirtschaftlich orientierte Strukturen entstanden; aufgrund ihrer höheren Rentabilität hat sich die Deutsche Bahn AG auf die Fernverkehrs- und hier vor allem auf die Hochgeschwindigkeitsstrecken konzentriert, beim Interregionalverkehr ist ein Rückgang von Angebot und Fahrgastzahlen zu verzeichnen (STIELIKE 2009). Bezeichnend für das (aus betriebswirtschaftlichen Gesichtspunkten nachvollziehbare) Desinteresse der Deutschen Bahn AG am Interregionalverkehr ist die 2002 erfolgte „nahezu bundesweite Einstellung des InterRegio, der den nachfragestarken Mobilitätsbereich der mittleren Entfernungen bedient hatte" (ENGARTNER 2008, S. 286). Diese Maßnahme, bei der es das Ziel gewesen war, die Fahrgäste auf die deutlich teureren übergeordneten Zuggattungen (InterCity und EuroCity) zu zwingen, verursachte einen Rückgang des intermodalen Marktanteiles (ENGARTNER 2008). In diesem Verkehrssegment ist darüber hinaus kaum Wettbewerb zu verzeichnen, was unter anderem auf die nachgewiesene Behinderung von Mitbewerbern durch die Deutsche Bahn AG zurückgeführt wird (STIELIKE 2009).

	1950	1960	1970	1980	1990	2000	2005
Eisenbahnen	36,4	16,1	8,6	6,8	6,2	7,7	6,9
ÖStPV	28,0	19,2	12,8	12,4	9,0	8,3	7,7
Luftverkehr	0,1	0,6	1,4	1,8	2,5	4,1	4,9
MIV	35,5	64,1	77,2	79,0	82,3	81,3	80,5

Tabelle 1: Leistungsstruktur im Personenverkehr der BRD nach ABERLE (2009) in Prozent

Im Güterverkehr (siehe Tabelle 2) fand zwar eine deutliche Steigerung der gesamten Transportleistung des Schienenverkehrs statt (von 65,6 Mrd. tkm im Jahre 1993 auf 114,6 Mrd. tkm im Jahre 2007), dennoch hat sich im Modal Split in diesem Zeitraum wenig verändert – der Straßengüterverkehr konnte mehr Anteile des wachsenden Güterverkehrs für sich gewinnen. Allerdings zeigen neueste Entwicklungen, ein relativ erhöhtes Wachstum des Schienengüterverkehrs im Vergleich zu den anderen Verkehrsträgern (SCHNITKER 2009).

	1950	1960	1970	1980	1990	2000	2005
Eisenbahnen	56,0	37,4	33,2	25,5	20,6	16,2	16,4
Binnenschifffahrt	23,7	28,5	22,7	20,1	18,3	13,0	11,0
Straßengüterv.	20,3	32,0	36,2	48,8	56,7	67,8	69,7
Rohrfernleitungen	0,0	2,1	7,9	5,6	4,4	2,9	2,9

Tabelle 2: Leistungsstruktur im Güterverkehr der BRD nach ABERLE (2009) in Prozent

3. EU-Verkehrspolitik

Auch wenn bereits im Gründungsvertrag der Europäischen Wirtschaftsgemeinschaft von 1958 eine gemeinsame Verkehrspolitik festgeschrieben war, hat eine Vielzahl unterschiedlicher Auffassungen in den Mitgliedsländern eine tatsächliche Umsetzung dieser Absicht jahrzehntelang behindert. Erst Entscheidungen des europäischen Gerichtshofes ab den 1980er Jahren setzten zwangsläufig die notwendigen Impulse für eine Öffnung des europäischen Verkehrsmarktes (ABERLE 2009). Im Folgenden sollen die für die Bahnunternehmen wichtigsten Schritte kurz dargestellt werden.

Eine europäische Richtlinie aus dem Jahre 1991 (91/440/EWG) sah eine Reihe von Maßnahmen zur Deregulierung des europäischen Eisenbahnverkehrs vor. Darin wurde eine Unabhängigkeit der Geschäftsführung der Eisenbahnunternehmen vom Staat, eine Trennung zwischen dem Infrastrukturbetrieb und den Verkehrsleistungen, eine finanzielle Sanierung der oftmals verschuldeten staatlichen Eisenbahngesellschaften und nicht zu vergessen die Ermöglichung des Netzzugangs für Dritte gefordert (ABERLE, BRENNER 1996, LEGEL 2008).

Ein weiterer wichtiger Punkt ist die EU-Verordnung aus dem Jahre 1991 (1893/91), welche fordert, dass unwirtschaftliche Strecken vom Auftraggeber gegenfinanziert werden müssen, was vor allem im Regionalverkehr von Bedeutung ist. Durch diese Regelung werden Kosten von den Eisenbahnen und deren Träger (also in der BRD der Bund) auf die Nutznießer der unprofitablen Strecken (Länder, Städte und Gemeinden) umgelagert (LEGEL 2008).

Eine Reihe von Richtlinien aus dem Jahre 2001 regelt unter anderem die Öffnung des Netzes für Drittanbieter noch wesentlich genauer; damit versuchte die europäische Kommission auf die Tatsache zu reagieren, dass vorangehende Regelungsversuche der EU nicht den erwünschten Erfolg brachten und der Zugang für neue Anbieter im europäischen Schienenverkehrsmarkt nach wie vor schwierig war. Bis zur Umsetzung in nationales Recht vergingen jedoch zum Beispiel in Deutschland ganze 4 Jahre (SCHNITKER 2009).

Zu den Richtlinien aus dem Jahre 2001 gehören auch Regelungen, die den europäischen Binnenmarkt fördern sollen, etwa Vorschriften zur Eisenbahnsicherheit oder ein einheitliches System für die Ausbildung von Triebfahrzeugführern. Insgesamt wird die

Interoperabilität noch als mangelhaft bezeichnet, Gründe hierfür liegen zum Beispiel in unterschiedlichen Elektrifizierungen oder Leittechniken (SCHNITKER 2009).

4. Privatisierungsmodelle

Auch wenn viele Entwicklungen und Innovationen im 19. Jahrhundert rund um die Eisenbahn auf dem Einsatz privater Mittel beruhten (man denke beispielweise an die Pionierleistungen der gen Westen strebenden US-amerikanischen privaten Eisenbahnen im 19. Jahrhundert), befanden sich in der ersten Hälfte des 20. Jahrhunderts die meisten Eisenbahnen in Staatsbesitz (NUHN, HESSE 2006). Dies änderte sich in der zweiten Hälfte des 20. Jahrhunderts allmählich; bei der einsetzenden Welle an Privatisierungen kamen dabei die drei folgenden Privatisierungsmodelle zur Anwendung.

4.1 Regionale Aufteilung und Entflechtung

Die erste Variante stützt sich auf die Tatsache, dass es in einem nationalen Eisenbahnsystem, etwa bedingt durch regional unterschiedliche Auslastung, Bevölkerungsdichte oder Wirtschaftswachstum, profitable und weniger profitable Strecken gibt – die profitablen lassen sich ausgliedern und an private Investoren veräußern, so geschehen im Schweden der 1960er Jahre (KNOWLES et al. 2008).

4.2 Vollständige Privatisierung

Eine zweite Möglichkeit stellt die komplette Privatisierung des Eisenbahnsystems durch den ganzheitlichen Verkauf an private Investoren dar, wie es bereits im Jahre 1993 in Neuseeland geschah. Die dortigen Erfahrungen waren eher negativ – als Konsequenz aus sinkenden Passagier- und Frachtzahlen und einer sinkenden Schienennetzqualität (marktwirtschaftliche Sparsamkeit ließen das Netz zwar nicht unsicher, aber doch immer älter und ineffizienter werden) wurde das Schienennetz rückverstaatlicht (KNOWLES et al. 2008).

4.3 Trennung von Schienennetz und Fahrbetrieb

Die letzte Variante ist die Trennung von Infrastruktur und Fahrbetrieb; dabei bleibt in der Regel das Schienennetz in öffentlicher Hand und die privaten Bahnbetreiber zahlen an eine staatliche Netzagentur Nutzungsgebühren. In Großbritannien ist dieses System, wenn auch mit einigen Schwierigkeiten, eingeführt worden – die anfangs private Netzagentur (Railtrack) wurde nach ihrer Pleite rückverstaatlicht (Network Rail). Network Rail kann sich bis heute nicht aus ihren Einnahmen finanzieren und empfängt erhebliche Subventionen. Diese Auftrennung von Netz und Betrieb ist auch die Variante, welche von der Europäischen Kommission heute gefordert wird (KNOWLES et al. 2008).

5. Veränderte Voraussetzungen für Eisenbahn- bzw. Logistikunternehmen

Zum Verständnis der Gründe für die strategischen Neuausrichtungen diverser Bahnunternehmen ist es vonnöten, einige grundlegende Veränderungen im globalen Wirtschafts- und damit auch im Logistiksystem zu betrachten. Hier geht es um Entwicklungen, die aufgrund von technologischen Neuerungen und veränderten logistischen Anforderungen das Geschäftsumfeld des transportierenden Gewerbes stark beeinflussen.

5.1 Güterstruktureffekt

Der Güterstrukturen vieler Volkswirtschaften haben in der zweiten Hälfte des 20. Jahrhunderts einen tiefgreifenden Wandel erfahren: Während die zu transportierende Menge an Grundstoffen wie Kohle oder Erze stagnierte bzw. rückläufig war, stieg der Anteil an Gütergruppen wie Nahrungsmittel oder Konsumgüter beständig an, bei denen aufgrund von erhöhten Zeit- und Flexibilitätsanforderungen v.a. der LKW-Transport bevorzugt wird. Der Güterstruktureffekt erklärt somit zum Teil, warum die Eisenbahn (und die Binnenschifffahrt) mit ihrer hohen Eignung für Massentransporte im intermodalen Vergleich so viel Marktanteile verloren hat (ABERLE 2009).

5.2 Veränderungen in der Transportkette

Ein Aspekt struktureller Veränderungen sind die weitreichenden Veränderungen in der Transportkette, also dem gesamten Weg den ein Produkt vom Versender bis zum Empfänger zurücklegt. In den letzten Jahrzehnten sind durch die Einführung von Containern (und der damit verbundenen Standardisierung, welche viele Prozesse verbilligte und beschleunigte) und dem Einsatz von modernen Kommunikationsmitteln eine ganze Reihe von Tätigkeiten und damit auch Akteuren weggefallen. Anschließend haben expansionsorientierte Unternehmen durch die Übernahme kleinerer Unternehmen aus verschiedenen Teilen der Transportkette den Markt konzentriert; diese z.T. immer weiter wachsenden Logistiker integrieren somit sowohl auf der vertikalen wie der horizontalen Ebene immer mehr Dienstleister in ihr Unternehmen (NUHN 2007).

5.3 Strukturelle Veränderungen in der Logistikbranche

Im wechselseitigen Zusammenhang mit den Veränderungen in der Transportkette stehen strukturelle Veränderungen in der Logistikbranche; dabei haben die soeben erwähnten, wenigen großen Unternehmen eine weitreichende Kontrolle über den gesamten Markt, sie kontrollieren in vielerlei Hinsicht die Transportprozesse und greifen auf kleine Unternehmen nur als Frachtführer zurück (BERTRAM 2005). In Zahlen ausgedrückt bedeutet dies, beispielhaft für den Straßengüterverkehr: „Im Straßengüterverkehrsgewerbe haben rd. 53% der Unternehmen nur bis zu 3 LKW und lediglich 1,3% der insgesamt 54.211 Unternehmen über 51 Fahrzeuge (Stand Nov. 2006)" (ABERLE 2009, S.65). Die kleinen Unternehmen haben nur eine sehr begrenzte Menge an Ressourcen zur Verfügung und stehen deshalb in einem untergeordneten Geschäftsverhältnis zu den großen Logistikern der Branche. Zusammen mit Globalisierungsprozessen, veränderter Arbeitsteilung und der um sich greifenden Auslagerung von Logistikvorgängen an externe Dienstleister fordern die Kunden von heutigen Logistikunternehmen „die ganzheitliche Sicht auf Prozessketten und ihre verbrauchs- und nachfrageorientierte Steuerung" (BERTRAM 2005, S.28).

6. Strategien der neuen Konzerne

Die durch nationale wie auch europäische Politik entstehenden neuen Konzerne weisen eine Reihe charakteristischer Strategien auf, welche je nach politischen Rahmenbedingungen in unterschiedlichem Ausmaß auftreten; diese strategischen Reorganisationsmaßnahmen sind als direkte Konsequenz der Deregulierungs- und Liberalisierungsbemühungen in verschiedenen europäischen Ländern zu sehen. Zum einen sind hier diverse Reorganisationsschritte (Internationalisierung, Diversifizierung, Integration) zu nennen, zum anderen neue Formen der politischen Einflussnahme auf sie betreffende Entscheidungsprozesse (Public Policy).

6.1 Reorganisation

Die Reorganisation eines Unternehmens lässt sich in die drei Schritte Internationalisierung, Diversifizierung und Integration aufteilen. Dabei bezeichnet die Internationalisierung die Ausweitung der Geschäftstätigkeiten eines Unternehmens über seine angestammten geographischen Gebiete hinaus – dadurch erschließen sich Unternehmen einerseits neue Märkte, andererseits erweitert sich ihr Produktportfolio erheblich, wenn sie aufgrund einer erweiterten Präsenz und zahlreichen neuen Partnerschaften komplexere Dienstleistungen anbieten können. Die Diversifizierung hingegen beschreibt die Ausweitung der Geschäftstätigkeiten auf andere Wirtschaftsbereiche – dadurch können sich Unternehmen sowohl gegen Krisen auf ihrem Stammmarkt absichern als auch, wenn sie denn in ähnliche Märkte expandieren, ihr originäres Produktportfolio erweitern. Integration wiederum meint einerseits „die Koordination von funktional und geografisch getrennten Einheiten eines Unternehmens" (DÖRRENBÄCHER 2005, S.60), also die operative Dimension, und andererseits den Wechsel von einer Kontrolle durch das Management hin zu einer Kontrolle durch die Finanzmärkte, was damit der fiskalischen Dimension entspricht. Dabei sind die Integrationsbemühungen auf der operativen Ebene eine Konsequenz aus den neuen Problematiken, die durch Internationalisierung und Diversifizierung für ein Unternehmen entstehen (DÖRRENBÄCHER 2005).

Innerhalb Europas lassen sich große Unterschiede im Grad der Reorganisation von (ehemals) staatlichen Bahnunternehmen sehen; dabei kann man die jeweiligen politischen Rahmenbedingungen als einen, wenn nicht sogar den wichtigsten begrenzenden Faktor sehen – in einem Land wie Frankreich, in dem die Eisenbahn zu einem gewissen Grad noch als eine vom Staat zu leistende Daseinsgrundfunktion gesehen wird, handelt ein Bahnunternehmen wesentlich zurückhaltender als etwa in Deutschland, wo der Privatisierungsgedanke weitaus akzeptierter ist (DÖRRENBÄCHER 2005). In diesem Kapitel liegt der Fokus auf dem Güterverkehr, da einerseits die Dynamiken in dieser Sparte, wie im Folgenden gezeigt wird, sehr intensiv sind und andererseits im europäischen Personenverkehr auf der Schiene recht homogenisierte Entwicklungen von statten gehen (ABERLE 2009).

6.1.1 B-Cargo/ABX (Belgien)

Als Vorreiter auf dem Weg in ein modernes Logistikunternehmen gilt die Frachtsparte der belgischen SNCB, die bereits seit 1993 ihr vormals rein auf die Schiene fokussiertes Angebot auf die See, die Straße und die Luft diversifizierte. Dabei lag die Konzentration der Internationalisierung auf dem europäischen Markt, mit großen Akquisitionen etwa in Deutschland (Thyssen Haniel Logistik 1998), Italien (Saima Avandero 1999) oder Frankreich (DUBOIS 1999/2000). Auch wenn die operative Integration als weit fortgeschritten gilt, ist die fiskalische Integration noch nicht weit vorangeschritten (DÖRRENBÄCHER 2003, DÖRRENBÄCHER 2005).

Heute präsentiert sich die Frachtsparte der SNCB auf ihrer einfach strukturierten Internetseite (siehe Anhang) als „SNCB Logistics": „all companies that are active in the freight division of SNCB, were combined in one integrated group [...] to join the strenghts and complementary activities of the member-companies under one strong structure" (SNCB 2011, www.sncblogistics.be/en/The-group). Man kann somit erkennen, dass die operativen Integrationsbemühungen weitergehen.

6.1.2 DB Cargo (Deutschland)

Auch die Logistiksparte der Deutschen Bahn (vormals DB Cargo, heute DB Schenker) befindet sich in einem fortgeschrittenen Stadium der Reorganisation; die Diversifizierung auf alle Transportsparten ist weit fortgeschritten, dabei ist die weltweite Internationalisierung ein Hauptaugenmerk der Geschäftspolitik der Deutschen Bahn AG. Hier gibt es einerseits einfache Kooperationen mit diversen Staatsbahnen europäischer Länder, andererseits aber auch komplexere Partnerschaften, die bis zur Schaffung eines gemeinsamen Angebotes gehen, das anschließend in Zusammenarbeit vermarktet wird. Es sind aber im Jahre 2000/2001 auch zwei komplette Übernahmen erfolgt: Sowohl die holländische wie auch die dänische Frachtsparte der jeweiligen Staatsbahnen sind durch die Deutsche Bahn AG komplett übernommen worden. Durch die Privatisierungsbemühungen und die damit verbundene Aufteilung der einzelnen Geschäftsbereiche (siehe Punkt 2.2) gilt die Frachtsparte der Deutschen Bahn AG als wenig integriert (DÖRRENBÄCHER 2003, DÖRRENBÄCHER 2005).

Die Internetseite von „DB Schenker", wie sich die Frachtsparte der Deutschen Bahn AG heute nennt, ist im Vergleich zum belgischen Konkurrenten wesentlich komplexer (siehe Anhang) – darin spiegelt sich die Größe von DB Schenker wieder. Versprochen wird: „Wir sind für Sie da. Jeden Tag und jede Nacht. Nahezu überall auf dem Globus" (DB SCHENKER 2011, www.dbschenker.com/site/logistics/dbschenker/com/de/start.html) – ein eindeutiger Hinweis auf die heutige Größe dieses Logistikunternehmens.

6.1.3 Fret SNCF (Frankreich)

Ein Beispiel für eine wesentlich zurückhaltendere Reorganisationspolitik ist die Frachtsparte der Franzosen, die Fret SNCF. Aufgrund „der starken „service publique" Orientierung in Frankreich" (DÖRRENBÄCHER 2005, S.67), also der Einstellung, dass die Eisenbahn in erster Linie eine staatliche Dienstleistung darstelle, ist die Reorganisation in Frankreich ein wesentlich langsamerer Prozess. Der Großteil der Reorganisationsschritte bei SNCF sind im Bereich der Diversifikation zu sehen (mit der Gründung einer Tochterfirma namens Geodis für alle Frachtaktivitäten abseits der Schiene), sowohl Internationalisierung und Integration sind, politisch bedingt, in Frankreich kein großes Thema. Hier spielt vor allem der große Einfluss der Gewerkschaften eine Rolle, die Deregulierungs- und Privatisierungsbemühungen stets mit Argwohn gegenüberstehen, schließlich sind diese in der Regel mit einem Stellenabbau verbunden (ABERLE 2009, DÖRRENBÄCHER 2003, DÖRRENBÄCHER 2005).

Eine Anekdote aus dem Jahre 2007 verdeutlicht dies: der erste Konkurrent von Fret SNCF, CFTA Cargo, der 2005 eine Strecke zwischen Deutschland und Frankreich eröffnete, wurde zu Beginn seiner Tätigkeiten von etwa 200 Mitarbeitern der SNCF heimgesucht, die verhindern wollten dass dieser neue Konkurrent seinen Betrieb aufnehmen kann (VOGT, RUBY 2008). Die späte Öffnung des französischen Güterverkehrsmarktes (2005/2006) lässt es noch nicht zu, die Entwicklung im Detail mit anderen EU-Ländern wie Deutschland zu vergleichen; jedoch scheinen die Hürden für neue Unternehmen recht hoch, da die SNCF noch sehr viel Macht auf die ausgegliederte französische Netzagentur (RFF) hat, was sich zum Beispiel in schlechter (um nicht zu sagen manipulierender) Zusammenarbeit mit neuen Unternehmen ausdrückt: Termine werden verzögert, Zuständigkeiten verschleiert und überhöhte Preise für Dienstleistungen gefordert (VOGT, RUBY 2008).

Die Internetseite der „Fret SNCF" bietet eine eher einfach gehaltene Website (siehe Anhang), weist jedoch an zentral platzierter Stelle auf folgendes hin: „Fret SNCF ist the number 1 merchandise carrier in France and the 2nd rail carrier in Europe" (FRET SNCF 2011, fret.sncf.com/accueil/lang-en/).

6.2 Politische Einflussnahme der neuen Unternehmen

Die in Punkt 6.1 beschriebenen Entwicklungen haben auch Auswirkungen auf die Art und Weise, wie Bahnunternehmen sich heute auf der politischen Ebene verhalten (Public Policy). Dabei lässt sich eine vielseitige Erhöhung ihrer politischen Aktivitäten feststellen. Zu nennen sind hier verstärkte Verbandsmitgliedschaften (so trat die Deutsche Bahn AG erst nach der Bahnreform in den Verband Deutscher Verkehrsunternehmen ein), die Gründung einer „Gemeinschaft europäischer Bahnen" (GEB) im Jahre 1988 oder die Schaffung von Lobbybüros, unter anderem in Brüssel. Diese erhöhten politischen Aktivitäten lassen den Schluss zu, dass die neuen, nicht mehr so eng an die jeweilige Regierung gebundenen Unternehmen nach neuen Möglichkeiten suchen, ihre zukünftige Stellung auf dem Markt zu sichern oder gar auszubauen (DÖRRENBÄCHER 2005).

Am Beispiel der oben erwähnten GEB (engl. und franz. CER) lässt sich die Entwicklung im europäischen Eisenbahnsektor erahnen: aus 12 Gründungsmitgliedern sind bis heute 79 Mitglieder aus der Eisenbahnbranche geworden, diese stammen aus sämtlichen EU-Mitgliedsstaaten und angrenzenden Staaten wie Norwegen oder der Schweiz (CER 2011a). In einer aktuellen Pressemitteilung bezüglich europäischer Eisenbahnkorridore vom 12.05.2011 fordert die GEB beispielsweise: „Investments on rail corridors [...] must be coordinated between the countries concerned [...] and not simply driven by short-sighted political considerations" (CER 2011b, S.1) und betont weiter unten im Pressetext ihren Wunsch, dass der europäische Fokus heute vom Personenverkehr zum Güterverkehr verlagert wird (CER 2011b).

7. Europäischer Eisenbahnverkehr: Die Zukunft

In einer Studie der Universität Gießen (in Zusammenarbeit mit einer Unternehmensberatung) (ELDERS et al. 2006) wurden eine Vielzahl von Topmanagern von europäischen Schienenverkehrsunternehmen bezüglich ihrer Einschätzung der aktuellen

Situation und den Erwartungen für die Zukunft befragt. Dabei bewerteten die meisten Akteure die Liberalisierung des europäischen Schienenmarktes als positiv. Es wird eine Steigerung des Verkehrsaufkommens insbesondere auf langen Strecken sowohl im Güter- wie im Personenverkehr erwartet. Jedoch besteht ihrer Ansicht nach ein sehr hoher Investitionsbedarf v.a. in den Netzausbau, dessen Finanzierung nicht gesichert ist; hier erwartet man nach wie vor die finanzielle Beteiligung der einzelnen Staaten. Das „Expansionsbestreben einiger ehemaliger Staatsbahnen" (ELDERS et al. 2006, S.268) wird als mögliches Hemmnis für ein dynamisches Wachstum gesehen, da kleinere Unternehmen durch diese großen Staatsbahnen verdrängt bzw. am Markteintritt gehindert werden. Als essentiell für ein Bestehen auf dem Markt sehen alle Befragten eine möglichst breit angelegte Internationalisierung, um konkurrenzfähige Logistikprodukte europaweit anbieten zu können. Diese Internationalisierung soll für eine erfolgreiche Marktpräsenz immer Teil einer langfristigen und innovationsorientierten Strategie sein (ELDERS et al. 2006).

Eine ähnliche Einschätzung der Problematik, die die große Marktmacht einiger etablierter Unternehmen verursacht, geben LUDVIGSEN und OSLAND (2009), welche neuere Maßnahmen der europäischen Kommission zur Verbesserung der Marktposition des Güterschienenverkehrs in Europa untersuchen. Dabei kommen sie zu der Erkenntnis, dass zwar viele Mitgliedsländer die Vorgaben aus Brüssel in Form von Gesetzesänderungen rasch umsetzen, die gewünschten Effekte (also eine Erhöhung des Schienenanteils am Güterverkehr) jedoch noch nicht eintreten. Die Hürden scheinen aufgrund der Marktmacht etablierter Unternehmen (und ihrer oft fortdauernden finanziellen Unterstützung durch die nationalen Regierungen) und komplexer Regelwerke zum Markteintritt noch zu hoch (LUDVIGSEN, OSLAND 2009).

8. Deutscher Eisenbahnverkehr: Die Zukunft

Durch die erneute Verschiebung des Börsengangs der Deutschen Bahn im Jahre 2008 entbrannte eine neue Diskussion bezüglich der Zukunft des deutschen Eisenbahnsektors (z.B. BOESCHEN et al. 2008). STIELIKE (2009) schlägt als weiteres Vorgehen eine Politik unter der Prämisse eines Übergangs „von der Leistungs- zur Gewährleistungsverantwortung der öffentlichen Hand" (STIELIKE 2009, S.405) vor. Hiermit meint der Autor den Wechsel von einer leistenden öffentlichen Hand, die in diesem Fall das gesamte Produkt Eisenbahn stellt und verwaltet, zu einer kontrollierenden öffentlichen Hand, die nur noch kontrolliert, ob die privaten Betreiber ihren Auftrag gemäß Ausschreibung erfüllen (STIELIKE 2009).

Dabei sollen auch im Personenfernverkehr Ausschreibungsstrukturen analog zum erfolgreichen regionalen Modell (siehe Punkt 2.3) geschaffen werden. Der Diskussion bezüglich des verschobenen Verkaufs von Bahn-Aktien entzieht STIELIKE (2009) sehr eindrucksvoll die Wichtigkeit: die wenigen Milliarden, welche möglicherweise durch einen Verkauf erzielt werden könnten (BOESCHEN et al. 2008) sind nichts im Vergleich zu den etwa 250 Milliarden Euro, die der Bund seit 1994 in die Eisenbahn investiert hat (STIELIKE 2009).

9. Fazit

Die Untersuchung einiger Teilaspekte des deutschen und des europäischen Eisenbahnsystems zeigt verschiedene Probleme auf. Die Marktanteilsverluste, die bereits seit Jahrzehnten die verschiedenen Staatsbahnen belasteten, wurden lange Zeit von den entsprechenden Regierungen ignoriert, erst die EU-Politik ab den 1990er Jahren sorgte für die nötigen Impulse zur Modernisierung der Eisenbahnen.

Der Zustand der Deutschen Bundesbahn zu Beginn der 1990er Jahre musste zwangsläufig zu Reformen führen. Defizite in Wirtschaftlichkeit und Angebot ließen dem Bund gar keine andere Wahl – ob der eingeschlagene und immer wieder diskutierte Weg (z.B. BAUCHMÜLLER, KUHR 2011, FOCUS 2011) der richtige ist, bleibt schwer einzuschätzen. Den Erfolgen im Regionalverkehr stehen nicht zufriedenstellende Zahlen im Interregional- und Fernverkehr entgegen; im Personenverkehr scheinen Nachbesserungen an den Interregionalverbindungen unerlässlich, im Güterverkehr zeigen neueste Entwicklungen (SCHNITKER 2009) die Einleitung einer möglichen Trendwende, da der intermodale Anteil des Schienengüterverkehrs leicht ansteigt. Anzumerken ist bezüglich der Deutschen Bahn AG noch, dass die Befürchtungen eines Ausverkaufs bei einem Börsengang insofern übertrieben erscheinen, als dass im Grundgesetz geregelt ist dass die Anteilsmehrheit bei einer Veräußerung in den Händen des Bundes zu verbleiben hat (BUNDESMINISTERIUM DER JUSTIZ 2011).

In der europäischen Perspektive zeigt sich eine Disparität zwischen auf der einen Seite Zielvorgaben, Richtlinien und Verordnungen aus Brüssel und auf der anderen Seite den tatsächlichen Umsetzungen und Effekten dieser Maßnahmen. In Frankreich scheinen Richtlinien aus Brüssel nicht immer ernst genommen zu werden, in Deutschland geht man in den Regelungen dagegen oft noch weiter als verlangt und für die gesamte europäische Union zeigt sich ein recht heterogenes Bild.

Die Reorganisationsbemühungen verschiedener europäischer Bahnunternehmen divergieren zwar in ihrem Ausmaß erheblich, jedoch scheint eine grundsätzlich gemeinsame Strategie in Richtung Diversifikation und Internationalisierung erkennbar. DÖRRENBÄCHER beschreibt die Prozesse deshalb auch als einen „Reorganisationswettlauf" (2005, S.72). Es bleibt abzuwarten, inwiefern hier europäische Gemeinwohlinteressen mit den starken Lobbyaktivitäten europäischer Bahnunternehmen, vor allem durch die GEB vertreten, kollidieren werden. Auch stellt die bereits heute beträchtliche Größe einiger Unternehmen eine Gefahr für einen echten Wettbewerb in Europa dar.

Im Weißbuch der Europäischen Kommission zum europäischen Verkehrsraum steht:

> „Der Bereich, in dem Engpässe weiterhin am stärksten spürbar sind, ist der Binnenmarkt für Eisenbahnverkehrsdienste, der vorrangig vollendet werden muss, um einen einheitlichen europäischen Eisenbahnverkehrsraum zu schaffen. Dies umfasst die Beseitigung technischer, administrativer und rechtlicher Hindernisse, die einem Eintritt in nationale Eisenbahnverkehrsmärkte noch immer entgegenstehen." (EUROPÄISCHE KOMMISSION 2011)

Bis dieses Ziel erreicht werden kann, wird noch eine lange Zeit verstreichen – die verschiedenen Akteure, von der regionalen bis zur EU-weiten Ebene, müssen dafür noch viel Abstimmungsarbeit leisten.

Literaturverzeichnis

ABERLE, G. u. A. BRENNER (1996): Bahnstrukturreform in Deutschland. (Dt. Inst.-Verl) Köln.

ABERLE, G. (2009[5]): Transportwirtschaft. Einzelwirtschaftliche und gesamtwirtschaftliche Grundlagen. (Oldenbourg) München.

BAUCHMÜLLER, M. u. D. KUHR (2011): Deutsche Bahn - Weiche des Wahnsinns. In: Süddeutsche Zeitung. 16.01.2011. Abrufbar unter: http://www.sueddeutsche.de/wirtschaft/deutsche-bahn-weiche-des-wahnsinns-1.1046982 (letzter Abruf: 19.05.2011).

BERTRAM, H. (2005): Neue Anforderungen an die Güterverkehrsbranche im Management globaler Warenketten. In NEIBERGER, C. u. H. BERTRAM. Waren um die Welt bewegen: Strategien und Standorte im Management globaler Warenketten. S. 17–32.

BOESCHEN, M., SCHLESIGER, C., AUGTER, S. u. W. KEMPKENS (2008): Börsengang: Deutsche Bahn ist aus dem Gleis. In: WirtschaftsWoche. 10.11.2008. Abrufbar unter: http://www.wiwo.de/unternehmen-maerkte/deutsche-bahn-ist-aus-dem-gleis-377144/ (letzter Abruf: 19.05.2011).

BUNDESMINISTERIUM DER JUSTIZ (2011): Grundgesetz: Art 87e. Abrufbar unter: http://www.gesetze-im-internet.de/gg/art_87e.html (letzter Abruf: 21.05.2011).

CER - COMMUNITY OF EUROPEAN RAILWAY AND INFRASTRUCTURE COMPANIES (2011a): Who we are. Abrufbar unter: http://www.cer.be/about-us/who-we-are (letzter Abruf: 16.05.2011).

CER - COMMUNITY OF EUROPEAN RAILWAY AND INFRASTRUCTURE COMPANIES (2011b): Press Release- European rail corridors: Where should the money go? Abrufbar unter: http://www.cer.be/media/2150_110512%20CER%20forum_transport%20logistic.pdf (letzter Abruf: 16.05.2011).

DB SCHENKER: DB Schenker – Transport und Logistik der Deutschen Bahn AG - Startseite. Abrufbar unter: http://www.dbschenker.com/site/logistics/dbschenker/com/de/start.html (letzter Abruf: 20.05.2011).

DÖRRENBÄCHER, C. (2003): Corporate reorganisation in the European transport and logistic sector in the 1990s. Diversification, internationalisation and integration. (Lit) Münster.

DÖRRENBÄCHER, C. (2005): Kommerzielle Reorganisation und Public Policy Strategien Europäischer Post- und Bahnunternehmen. In: NEIBERGER, C. u. H. BERTRAM. Waren um die Welt bewegen: Strategien und Standorte im Management globaler Warenketten. S.57 -72.

ELDERS, V., PULVER, T. u. R. REINECKE (2006): Europäische Schienenverkehrsstudie 2006 - Aufbruch in unsichere Zeiten. In: Internationales Verkehrswesen 58 H.6. S.267–272.

ENGARTNER, T. (2008): Die Privatisierung der Deutschen Bahn. (VS Verlag für Sozialwissenschaften / GWV Fachverlage GmbH) Wiesbaden.

EUROPÄISCHE KOMMISSION (2011): WEISSBUCH: Fahrplan zu einem einheitlichen europäischen Verkehrsraum. – Hin zu einem wettbewerbsorientierten und ressourcenschonenden Verkehrssystem. Abrufbar unter: http://eur-lex.europa.eu/LexUriServ/LexUriServ.do?uri=COM:2011:0144:FIN:DE:PDF (letzter Abruf: 11.05.2011).

EUROSTAT (2011): Transport Database. Abrufbar unter: http://epp.eurostat.ec.europa.eu/portal/page/portal/transport/data/database (letzter Abruf: 17.04.2011).

FOCUS (2010): Staatsunternehmen: Ramsauer gegen Börsengang der Bahn. In: Focus. 01.01.2010. Abrufbar unter: http://www.focus.de/finanzen/news/bahn/staatsunternehmen-ramsauer-gegen-boersengang-der-bahn_aid_479064.html (letzter Abruf: 20.05.2011).

FRET SNCF (2011): Fret SNCF. Abrufbar unter: http://fret.sncf.com/accueil/lang-en/ (letzter Abruf: 23.05.2011).

GATHER, M., KAGERMEIER, A. u. M. LANZENDORF (2008): Geographische Mobilitäts- und Verkehrsforschung. (Borntraeger) Berlin.

KNOWLES, R. D., SHAW, J. u. I. DOCHERTY (Hrsg.) (2008): Transport Geographies. Mobilities, flows and space. (Blackwell Pub.) Malden.

LEGEL, A. (2008): Veränderung der Steuerungsmechanismen bei der Privatisierung von öffentlichen Unternehmen. Am Beispiel der Deutschen Bahn. (wvb) Berlin.

LUDVIGSEN, J. u. O. OSLAND (2009): Liberalisation of Rail Freight Markets in the Old and New EU-Member States. In: European Journal of Transport and Infrastructure Research 9 H.1. S.31–45.

NUHN, H. u. M. HESSE (2006): Verkehrsgeographie. (Schöningh) Paderborn.

NUHN, H. (2007): Globalisierung und Verkehr. Weltweit vernetzte Transportsysteme. In: Geographische Rundschau 59 H.5. S.4–12.

SCHNITKER, C. (2009): Regulierung der Netzsektoren Eisenbahnen, Elektrizität und Telekommunikation. Eine vergleichende Bewertung des Regulierungsdesigns und der Marktentwicklung seit der Liberalisierung. (VVB Laufersweiler Verlag) Gießen.

SNCB Logistics (2011): SNCB Logistics - Freight Group. Abrufbar unter: http://www.sncblogistics.be/ (letzter Abruf: 20.05.2011).

Stielike, J. (2009): Privatisierung der Deutschen Bahn AG. Anforderungen an die Organisationsstrukturen der Eisenbahn aus raumordnerischer Sicht. In: Raumforschung und Raumordnung 67 H. 5/6. S.405–411.

Vogt, A. u. C. Ruby (2008): Challenges faced by new entrants of the French rail freight market. In: Internationales Verkehrswesen 60 H.5. S.173-176.